献给所有追求精致人生的女性

戴出你的格调

张乐华博士 著

（京）新登字083号

图书在版编目（CIP）数据

戴出你的格调：国际女性气质形象顾问的配饰搭配建议/ 张乐华著.
—— 北京：中国青年出版社，2014.9
ISBN 978-7-5153-2637-5

Ⅰ.①戴… Ⅱ.①张… Ⅲ.①女性–服饰美学 Ⅳ.①TS976.4
中国版本图书馆CIP数据核字（2014）第190586号

责任编辑：苏 婧
装帧设计：曹 茜
摄　　影：鼎极摄影

出版发行：中国青年出版社
社址：北京东四十二条21号
邮编：100708
网址：www.cyp.com.cn
编辑部电话：（010）57350400
门市部电话：（010）57350370
印刷：北京图文天地制版印刷有限公司
经销：新华书店
规格：880×1230
开本：1/20
印张：8
字数：60千字
版次：2014年9月北京第1版
印次：2014年9月北京第1次印刷
印数：1-8000册
定价：39.00元
本图书如有印装质量问题，请凭购书发票与质检部联系调换
联系电话：（010）57350337

Contents 目录

前　言　　配饰中的文化 / 002

第一章　　丝巾、围巾、披肩：颈上风情 / 006

第二章　　饰品：闪耀在耳畔胸前的光芒 / 040

第三章　　鞋和包：生活方式的说明书 / 062

第四章　　手表：环绕腕间的品位宣言 / 080

第五章　　腰带、腰链：系出窈窕曲线美 / 088

第六章　　胸花与胸针：绽放的魅力 / 096

第七章　　帽子、发饰：优雅从"头"做起 / 104

第八章　　太阳镜：酷女当道 / 118

第九章　　手套、丝袜：做个宠爱自己的女人 / 126

第十章　　雨伞：风雨俏佳人 / 134

前言 配饰中的文化

曾在书店看到过一本书叫《妆匣遗珍》，书名仿佛能让人听到，在古典时光的回廊中，佳人足音渐行渐远，空余环佩叮当、珠玉清响之声。"佩缤纷其繁饰兮，芳菲菲其弥章"，古雅的诗词歌赋中对饰品有过诸多美好的描写，让我们看到了女性自古以来与环佩钗钿有着怎样的千丝万缕的牵绊。

如果说女人对于衣服的爱好并非完全关乎财富的炫耀，那么，饰品之于女人，则是更亲密、温暖的一种爱恋，比起衣服来，它更洞隐烛微地显示着女人的品位格调，触及女性的真性情。

电影《泰坦尼克号》中，年老的露丝看着那支从沉船中打捞出来的蝴蝶发叉，伤感韶华时光的不再，昔人已远；奥黛丽·赫本红颜消损后，派克拍卖得回自己曾送给伊人的那一枚胸针，睹物怀念银幕天使的远去；三毛更是曾用一本书《我的宝贝》记录下她在人生苦旅中寻觅到的一件件烙印着不同种族风土印记的饰品、爱物。

也许就是那一枚素朴的戒指、那一只古旧的胸针、那一对温润的珍珠耳环、那一块简约的手表，曾见证了你生命的某一个时刻，陪伴你走过岁月的流转。当你一袭白衣素裳，它们在你的耳畔、指尖闪耀，不仅仅让你的着装有了飞扬神采，更是让你戴出了独属于自己的生命格调，它们是你独一无二的私人烙印，于细微之处演绎着你的自我之美。

而正是对细节的执着，才成就了一个有着优雅别致性灵的女人……

浪漫，从佩戴开始

在人类还没学会穿衣服之前就已经学会了佩戴饰品。山顶洞人将小石珠、小烁石、兽牙、兽骨等穿孔连接后挂于胸前，于是项链的前身出现了。图腾民族尤多选择图腾的一部分充当颈部的咒物，如取动物的牙齿、角、贝壳、龟壳等悬于颈间。而到了现代，这些远古的饰物不仅演变成现代饰品的一种粗犷艺术风格，也寄存了我们对遥远祖先的一丝丝缅怀之情。

随着时间的流逝，由于人类对美的追求，这些朴拙的装饰品日益

演变成精致高雅的艺术。在所有出土的文物中，耳环、项链、手镯、发簪，不仅仅是美的装饰，更是穿戴者身份和地位的象征。拂去岁月烟云，那些沉淀着古雅韵致的珍宝首饰就是佩戴者的一部无言静默的历史。

从欧洲古典淑女的帽子、手套，到绅士的手杖、雨伞、高礼帽、怀表和单片眼镜，再到中国古典小说《红楼梦》中贾宝玉和众姐妹们随身佩戴的香囊、扇囊、荷包等，无不是从饰品衍生而出的配饰物。作为整体搭配中的小小配角，饰物也是品位生活方式的烘托。优雅女人的着装战略绝不仅仅限于衣装，穿好了衣装，搭配任务才仅仅完成了一半。

配饰让女人娇贵、高贵

穿戴穿戴，只穿不戴，难能有派。女性的韵味和精致来自精心的配饰装点，所以，她们把自己的审美情趣伸展到更多的服饰配角：如首饰、包、鞋、帽子、手套、眼镜、手绢、钱包、钥匙链、手机、腰带、手表、内衣等。让这些配角和衣装相得益彰，形成和谐完整的画面，营造出女人的精致氛围和独特的韵味。

金庸说："女人的美，说到底是一种氛围。"而配饰，正是烘托女人氛围不可缺少的物件。时尚女王可可·香奈儿说："饰品不是让女人看上去富有，而是让女人看上去娇贵。"风情万种的伊丽莎白·泰勒说："当我戴上丝巾的时候，我从没有那样明确地感受到我是一个女人。"高贵的杰奎琳·肯尼迪永远离不开她的长手套、帽子；而优雅的奥黛丽·赫本则是以大墨镜和风衣为其标志，她们的装扮因而成为永恒经典的个性写照。

对于一个优雅的女人来说，个性化地装扮自己，考虑到以上所有的细节，注意自己着装的方方面面的完整性、丰富性和生动性，正是优雅着装与普通着装的根本区别，甚至可以说是着装的灵魂所在。

那么，就请跟随这本书，去一窥着装的灵魂——配饰美学的奥秘吧。

第一章 CHAPTER

丝巾、围巾、披肩：颈上风情

1

第一章
丝巾、围巾、披肩：颈上风情

还记得罗马假日里那个镜头吗？奥黛丽·赫本把一条小丝巾俏皮地系在颈上，这个坠入凡间的小公主像精灵一样变得生动起来，而罗马的阳光也在这一刻变得更明媚灿烂。

而那个披发赤足在舞台上如精灵般自由起舞的女子、世界最著名的现代舞蹈创始人、浪漫不羁的伊莎多拉·邓肯，颈上总是环绕着一条大红的围巾，这成了她热烈的生命之火的象征。

说到装饰性，丝巾、围巾、披肩可谓女性配饰中绝对的第一名，说它们是女人的第二件衣服也不为过。色彩的绚烂丰富、系法的千变万化，搭配衬衫、外套、裙装、裤装、手包和鞋，又增添了无数排列组合的变化和效果。在本章，我把它们统一命名为"颈上围"，想象一下，拥有一条"颈上围"，你将为你的服装赋予多少崭新的诠释。

高贵颈上寻

　　常言道：高贵颈上寻。女人的颈部是最能展示女性风情的部位，优雅女人除了每天保持颈部向上伸展的高贵姿势，还特别要学会善用各种风格迥异的"颈上围"以引导人们将视觉的关注点投射到你全身最独特的部位——脸，以"颈上围"作为绿叶来烘托你花儿般的脸庞。这正如男性要在一身暗淡的西服中间打开一扇窗——胸前，系上一条最能代表他们个性的领带一样，也是要告诉大家，请看我的脸吧，这是全世界独一无二的。

　　区别于男性的领带，女人的"颈上围"中能体现出太多的巧思和变化，不同的围巾和同一围巾不同的系法就能营造出万种的风格：如一条宽大华贵的披肩让雅女立刻雍容华贵，在晚会上压倒群芳；一条颜色鲜艳的缎方巾，让朴实无华的职业装立刻展现成功者自信的气质；一条温暖柔软的长羊绒围巾让女性拥有娇贵的知性；而一条飘逸灵动的纱丝巾会让她成为轻盈浪漫的翩翩精灵。

"飘靓"女人

艺妓回忆录中写道："我们艺妓，是一幅流动着的艺术品。"而当今太多的女性，忙着打造自己平面照片般的五官布局及三围的尺寸数字，五官之美和身材的尺寸固然重要，然而却缺乏生动鲜活，对于一个女人，动中的美才是她美的灵魂所在。"颈上围"所赋予女性的美首先就是流动性，它们随风轻扬，让你举手投足间、坐卧行走中都会美如一幅流动的画面，并让你拥有千姿百态的娇贵。

"随意"的美

很多女性苦恼不会系丝巾！我的回答是：没有所谓的丝巾达人，你也会的，你只是不敢尝试而已。请你多在镜子前欣赏一下自己，用美丽的丝巾在不同衣服上多摆弄一些让自己看上去更美丽的自创造型，然后用一个丝巾扣、戒指、胸针或安全别针把你摆弄好的造型固定下来，或以不同的方式塞在领口内，也可以让丝巾随意从脖颈上飘垂下来，这样你就大功告成了，此时的你就会发现你是多么有美的智慧。为什么很多女性无法实现这种美，主要是我们太多的人"望美生畏"，以为自己只能仰望却不配拥有美，或与美无缘，以为系丝巾有多少标准造型或高深学问，以为有"不如此就不行"的"潜规则"，或以为一定要有高人指点。更常见的原因则是懒惰，嫌麻烦。正是这种对审美缺乏信心，对"臭美"望洋兴叹的态度，注定让我们在美的大门之外驻足不前。

其实，如何把各种丝巾、缎巾或围巾系出花样和造型并不重要，美是一门艺术，在这门艺术中，没有太多的规则、排列、秩序，从容写意之美往往才是臻至佳境的美。系丝巾正是如此，以无招胜有招，往往就在那看似随意地一搭或松松地围绕中流露出自然、随意的韵味。

小围巾对人的大调整

虽然"颈上围"可以随意驾驭，但掌握了一些原则，一条小小的 "颈上围"可以起到对服装的补充和体型的修饰的大作用。

1. 通过"颈上围"的各种不同系法能改善脸型、肩型和颈型。

原则如下：围巾向下垂坠的搭配，可以让脸和颈部显长；围巾横着搭或向脸的侧面搭的造型可以让长脸看上去变短；围巾向肩部的两边搭可以加宽肩部；围巾松松地围在颈部，露出脖颈，可以让头部整体显小。

2. 图案：身材高大的人宜选择大面积、大花形图案的围巾，身材娇小的人宜选择小面积、小花形图案的围巾。如此，在视觉效果上，高大的人就不显得太高大，娇小的人就不显得太娇小。

3. 材质：因为"颈上围"往往靠近脸部，所以，肤质细腻的人宜选择纱、缎、丝绸等材质的围巾，而肤质相对不那么细腻的人尽量在靠近脸的地方用粗纹理的面料，这样能对皮肤起到较好的修饰作用。

4. 风格：围巾图案的风格亦如人的风格，风格含蓄的人宜用图案含蓄些的围巾，风格夸张的人宜用图案夸张的围巾，这样才会有相得益彰的和谐之美。

5. 冷暖色调：肤色明显偏冷
的人宜用偏冷色的"颈上围"，
而肤色明显为暖色调的人宜用暖
色系的"颈上围"。

　　"颈上围"真的是一件非常考验品位与搭配能力的造型单品，除了打造颈上流动的风景之外，还可以妙搭出百变风情，效果绝对比一款当季流行的衣服好，当然必须使用适当，不要太刻意，而又别具匠心，才能展露个人风格。

色之变奏曲："颈上围"颜色搭配的基本原则

　　尽管在系围巾的时候，以随意搭配为美，但这里确实有一些基本的颜色搭配规则需要遵守。

　　1. 黑色服装：几乎可以搭配任何颜色的"颈上围"，但"颈上围"的颜色如带上一点黑色最妙。

图片选自《Precious》

2. 单色服饰（包括黑色）：
搭配的围巾颜色最好和这种单色
颜色相关。

图片选自《Precious》

　　3. 双色服饰：搭配的围巾颜
色可以是双色或多色，但一定应
包含这两种颜色。

　　4. 大花图案的服饰：搭配
大花图案中的任意一色的单色围
巾，注意尽量避免再搭配带图案
的围巾，除非围巾上图案的颜色
和服饰上图案的颜色类似。

不同面料"颈上围"使用的基本原则

华贵的软缎巾——职业装中的女人味

女性的缎巾和男性的领带对职业装有异曲同工的装饰效果，在严肃行业（金融、销售、法律、管理）工作的女性往往苦于想美不易，因为严格的服装规定让女性难以大张旗鼓地营造自己独特的美丽。套装多为素色，样式单调，甚至有男性化元素，而缎巾就成为改善套装的板、单、素、暗的不足的元素，增加套装鲜艳、光亮的色泽，以及面料的柔顺，让职场中的女人在规则中凸显一丝柔和女人味。而缎巾便于造型，随着不同的造型，缎面上的光泽明暗度又有所变化，光影变化之美如印象派的油画。

缎巾一般以方形居多，年轻或身材比较娇小的职场女性非常适合佩戴小方巾，像罗马假日中的赫本那样，把一条色彩鲜明有质感的小缎巾在颈上简单系一个结，搭配着衬衫、外套，立马能让沉闷的职业装活泼起来。而像爱马仕那种华贵硬挺的大方缎巾，特别适合功成名就的职场女魔头，是身份和地位的象征。带上这样的缎巾，"气场"顿时嚣张强大。

一条软缎大方巾更是OL女郎的百搭圣品，沿对角线对折成三角形搭在肩膀上，或平行对折成长方形，衬在外套领口处，再用一个小小的丝巾扣，或者用一枚别致的戒指或胸针做装饰，略失个性的套装瞬间变得鲜活灵动了。

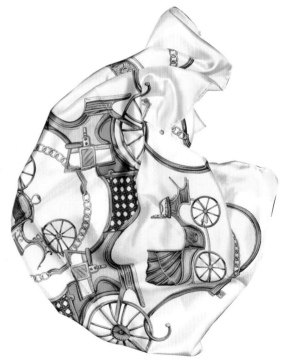

缎巾给职业装以很
好的装饰效果。

婉约的长纱巾——轻松随意的浪漫

长纱巾可谓是"颈上围"中最轻盈娇俏的一抹倩影，在颈上根据自己的身材松松环绕一圈、二圈，随意地垂下来，让你的身前、身后或两侧都有柔美、鲜艳的面料流淌下来，造型十分浪漫，特别强调出纵向的美感，有让颈部、身材看上去更加修长的奇特功效，在行走过程中更显得飘逸和风流。

长纱巾特别适合搭配柔软轻薄的针织衫、连衣裙，在春末和秋初的天气里，给你几分若有若无的暖意，几分楚楚动人的风姿。

在午后当你与二三友人在咖啡馆惬意聊天或周末走在繁华都市的街头，一袭随意闲适的休闲衣着只需加上一条色彩相衬的长纱巾，你就会成为对面的陌生人眼中的美好风景。

图片选自《Precious》

长纱巾也可以像上面提到的缎巾一样用于装饰套装，把它在胸前摺出花形或掖进领口，让单调的套装顿然生辉。

雍容的大披肩——晚装中的女王范儿

一场衣香鬓影的晚宴中，让一个女人别具高贵气质的莫过于肩上那件雍容的披肩。

披肩之美，美在它的帝王之气。无论是一件丰盈浓密而富有光泽的华贵皮草，还是一条纯手工钉着珍珠、亮钻、密密绣着精致花纹的丝绸绫罗围巾，慵懒随意地披在肩上，不经意间露出光洁的脖颈和裸肩，那种被簇拥、被围绕的呵护感让一个女人有了高高在上的独特之美。

披肩最适宜配晚装，衣锦夜行是披肩最合适的描述，她一定是特定的场合和时间才出场的"配饰女王"。

搭配的晚装长度决定了披肩的华贵度，晚礼裙越长越隆重，披肩越精致华贵。在夜幕中，在璀璨的水晶吊灯下，披肩上的皮毛、钉珠或丝绣闪耀着细细碎碎的光芒，美得无可挑剔。

优雅知性的针织围巾——斯文简约的气质

在风起和雪落的季节，一条宽大柔软的针织围巾带给我们的与其说是装扮，不如说是一种温暖淡定的感觉，它的美是含蓄内敛而又诚挚自在的，它中和了呢大衣和羽绒服的厚重与灰暗，给予我们的脸庞和脖颈最柔软贴心的保护。

无论是复古的麻花钩针花纹，还是简约素朴的平面造型，针织围巾中那种返璞归真的手工感觉，可谓是斯文书卷气质的最佳诠释者。

柔和的米色、淡雅的烟灰色、沉静的黑色、黑白的千鸟格、深邃的藏蓝色、让人倾心的酒红色，都是精于穿衣之道的人最常选择的针织围巾的颜色。

平实的棉麻围巾——文艺情怀的代言

如果说针织围巾是斯文书卷气质的最佳演绎者，那么一条棉麻围巾则是文艺自然情怀的绝好代言人。

棉麻围巾是一年四季总相宜的通用主角，它的美是耐得住时光的。天然质朴的面料，戴得越久越具有温暖柔软的亲肤感。

无论是普通休闲装的T恤、仔裤、板鞋，还是波西米亚风的长裙、人字拖，或是帅气中性硬朗的卡其裤、马丁靴，或是文艺复古路线的长衫、布鞋，都可以搭配一条棉麻围巾，以凸显回归本真的率性之美。

图片选自《Precious》

不同面料围巾搭配小总结

1. 软面料的衣服，如毛衣、针织衫配纱巾。

2. 硬面料的衣服，如呢子套装配缎巾。

3. 一般来说，厚呢大衣配羊毛围巾，其中细呢子大衣配细羊毛或羊绒围巾。

4. 华丽晚装可以搭配华丽面料的披肩，如雪纺、天鹅绒、软缎和皮草。

5. 普通休闲面料的衣服配布、麻、粗羊毛材质的围巾。

硬面料的衣服，如呢子套装配缎巾。

普通休闲面料衣服配
布材质的围巾。

粗呢子大衣可以搭细
羊毛或粗羊毛围巾。

厚呢大衣配羊毛围巾，其中细呢子大
衣配细羊毛或羊绒围巾，粗呢子大衣可
以搭细羊毛或搭粗羊毛围巾。

华丽晚装可以搭华丽
面料的披肩，如雪纺、天
鹅绒、软缎和皮草。

"颈上围"的其他用法

发上的浪漫

丝巾做头巾是20世纪50年代的潮流，那个时候的女人们，喜欢用一条丝巾包住秀发，免受阳光和风沙摧残，既实用，又别样摩登，可谓是那个时代的标志性风尚之一。尤其那些好莱坞老电影里的女郎，她们真是把丝巾的搭配运用到了臻入化境的妙处，奥黛丽·赫本在《黄昏之恋》中，以及英格丽·褒曼在《北非谍影》中，同样是用丝巾包着秀发，赫本青春恣肆，褒曼则典雅沉静，韵味各自不同。

所以，如果你的衣橱中也有美丽而复古的丝巾，不妨在风起的秋日，把丝巾轻裹在秀发上，戴上一个大大的复古太阳镜；或者炎炎的夏日，把丝巾绑成发带或编织进你的麻花辫中，让丝巾赋予女人百变优雅，美就在这点小心思，小创意中升级。

腰上的浪漫

　　将长款的丝巾拧成或叠成细带，用胸针、胸花或其他饰品别在单色连衣裙、单色上衣、裤子的腰上，让它在你的腰间绽放妩媚别致的风情，同时，它还可将你身上衣服的两种不同颜色整合在一起，成为你身上两种对立颜色的融合纽带。

让美丽呵护你的肩

当我们享受装有现代化空调设备的办公室时，选择服饰到底为保暖还是为了防寒，成了都市职场丽人每天都要问自己的问题。此时"颈上围"就成了办公室女性不可或缺的日用品。 如夏日炎炎在骄阳似火的日光下行走的女郎，将丝巾系在包上，一路"飘"靓，而走进开足了空调的"拔凉拔凉"的办公室内，解下包上的丝巾披在肩上，又让我们成了美丽而"不冻人"的美肩丽人。

多一条"颈上围"，少买一件内衣

大部分轻薄材质的"颈上围"都可以作为内衣穿在我们的西装里面，以取代衬衣（用安全别针将其固定在我们的胸罩带上），丝巾内衣的好处是：让我们无须再为穿衬衣时易脏的领口和袖口而烦恼，更避免了穿着较宽松的内衣时，使得西装外套看上去鼓鼓囊囊的不够美观。此时唯一需要小心的就是，热的时候不要随便把外衣脱下，因为里面穿的毕竟不是一件衣服！

第二章 CHAPTER

饰品：闪耀在耳畔胸前的光芒

2

第二章

饰品：闪耀在耳畔胸前的光芒

　　人在还未学会穿衣时就学会了佩戴饰品。饰品也是地位的象征，一直是用来展示人的社会和经济地位的。在今天，女性的社会地位或经济实力可能无需用一件小小的饰品来代言，但不戴饰品的女性，其精致程度总是不够高的。

　　正如著名的时尚女王香奈儿所说：饰品不是让女人看上去富有，而是让女人看上去娇贵。此语道破了优雅女人必戴饰品的秘密。一个活得浪漫有格调的女人懂得精心选择适合自己的饰品，如精巧别致的耳环、美妙绝伦的袖扣、异国风情的项链、手镯、前卫时尚的戒指等，她们将其恰到好处地佩戴在一切需要装饰的地方。

饰品和服装一样，是文化，也是艺术，娴熟掌握佩戴饰品的规则是优雅女人的一门必修课。因此，渴望着装优雅高贵的女性一定要花些时间和精力学习饰品的佩戴。事实上，善于佩戴饰品与否，是一个人是否真的善于着装和具有品位的重要试金石。

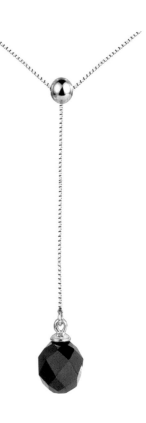

想看上去娇贵吗？戴上些精致的饰品吧！请拿出自己服装预算的1/4用来购买饰品。从现在开始，不仅要细心阅读这本书，当你看时装杂志时，也不要再只把注意力放在服装上，而要把更多的注意力放在饰品上；逛店时也不仅要试服装，也请多注意饰品。要想让自己佩戴的饰品能达到最好的装饰效果，应注意如下一些基本知识：

饰品不一定是贵的

饰品不等于首饰，首饰一般指的是用珍贵的原材料做成的饰物，饰品则是具有装饰性的任何物品，而不一定是用贵重的原材料制成的。自从世界进入现代化时起，以装饰品取代各种昂贵的首饰就蔚然成风了。

饰品的材质可以是自然的或人工的任何物品，自然品如五花八门的海产品：贝壳、珍珠、珊瑚等；树产品：木材、琥珀、树脂等；矿石产品：各种水晶、玛瑙等；人工产品：塑料、陶瓷、玻璃、琉璃等。

饰品取材的广泛让我们女人变得更美、更千姿百态、更有个性，特别是让每个人都可以随心所欲地装扮自己，而不必受社会地位和经济收入的限制。除此之外，比起真金白银的首饰来说，装饰品因为材质的丰富多样和经济，能够设计出更多夸张、美丽、多元化的款式和造型，更能充分表达各种风格。

尽管金项链、金戒指和钻石或许在20世纪80年代能引来无数艳羡的眼光，但是在今天，带上一件毫无设计感的贵重首饰，只会让人有过时和炫富之嫌。

适合的才是最好的

饰品一定要精选，不是随意往自己的脖子上戴一样东西就行了。饰品一定要能对你的整体服饰起到画龙点睛、提升美度的作用。既然是画龙点睛用的，就不能日复一日只戴一件饰品。

我们每天由于活动的时间、地点、场合不一样，要穿不同风格和色彩的服装，因此就一定要佩戴不同类别的饰品。选择不同的饰品以搭配不同的衣服，让自己整体看上去完美无憾，这是品位女人最重要的着装搭配战略。

饰品不但让你的整体服装更完整、精致，另外还具有修饰容貌的效果。例如，颈部不够修长的女性选择长度可垂到胸部的长项链，就有让整个颈部看上去拉长的视觉效果。

佩戴饰品的常见误区

我们在饰品佩戴中特别要注意以下问题：

精致的衣服无饰品：当我们穿上特别考究的衣服，但却没有相应的饰品与之相配，服饰自身的价值就会大打折扣。

被看出来廉价：买廉价饰品不是问题，但让人看出廉价还不如不戴，因为这涉及了品位的"大是大非"。任何一种饰品，不在乎材质和价格，但做工要精良，造型不能过于无艺术性，颜色和款式不能与你的服饰冲撞等，对你来说就是好饰品。对于那些做工歪歪扭扭的，粗制滥造的，或过于明显仿造名贵首饰的赝品，就不如不戴。

饰品太小：不少女性，戴了一颗尽管价格不菲的小钻，但却完全无装饰性，只是一个象征罢了，仿佛在说："反正我戴了。"而用这颗小钻去装饰各种华丽大方的服装，则只会让佩戴的小钻显得更加形单影只。

日复一日戴一件饰品：很多人日复一日戴一只玉镯或一条24K金的项链，无论是着休闲装，还是正装，还是晚装。这样的佩戴，毫无艺术和搭配之感，让人感觉佩戴者是个懒得花心思的女性，不仅对美，而且对生活都缺乏精致的态度。

冷色饰品和暖色饰品堆积在一起。这一点，我们将在下文"饰品颜色的冷暖"中详细阐述。

小饰品中的大原则：首饰佩戴的基本技术

饰品大小的选择：佩戴饰品的大小、轻重应与人的身高、体重相符合——40公斤以下的女性戴小号饰品，40-50公斤的女性戴中等大小的饰品，50-60公斤的女性戴中等偏大的饰品，60公斤以上的女性应戴大号的饰品。

饰品颜色的冷暖：一般来说，金色、银色、水晶色（钻）、珍珠(白色)，都是百搭色。但严格来说，他们有冷色和暖色之分：银色、水晶色、水钻色或各种色泽饱和的钻石（如红宝石、祖母绿、蓝宝石）、白珍珠、粉珍珠等都属于冷色系；而金色、琥珀、珊瑚和翠绿色的玉石等，都属于暖色系。

饰品的冷暖色选择到底依据皮肤的冷暖色而定，还是依据服饰的冷暖色而定呢？一般的原则是，如果你的肤色是冷色，你应该选择冷色的服装再配上冷光的饰品，如用白衬衫配蓝裙子，戴上银色的项坠，水晶色耳饰。相反，如果你是暖色的皮肤，你应该选择暖色的服装再配上暖色的饰品，如穿一件砖红色的毛衣，或杏色的连衣裙时，配暖光的饰品最好，如金色、琥珀色等。

但生活中很多人对自己的肤色和服饰颜色的冷暖搭配经验不足，往往选择的服饰颜色和自己的肤色冷暖度并不般配，此时，我的建议是，佩饰的冷暖色保持与服装的冷暖色一致。

需要进一步说明的是：

1. 我们很多人的肤色，既不是很冷，也不是很暖，这样的人在驾驭服装和饰品的颜色时，就不需要特别遵守服饰颜色冷暖的严格界限，只要让配饰的色调与服饰的色调保持协调就行。

2. 还有，我们在搭配服饰时，有时为了表达某种特定的风采，如冷峻、权威、冷艳或亲和力等，可能需要牺牲让我们肤色看上去更好的颜色搭配规范，如很多暖肤色的人也会愿意佩戴冷色的饰品，如银饰或钻石等。而冷色的人，为了靓丽或浪漫，也会佩戴金色系饰品。

打造美，确实需要遵循一些规范，但服饰之美隶属于艺术，凡是艺术，就一定不能机械地划分对与错。事实上，如果你打造出的整体效果是美的，符合你的打造目的，你就是对的。但对于一个专业的形象设计师来说，尽量帮助客户在实现风采、肤色、服装和饰品颜色的相互协调中找到一种平衡，无疑是一个不小的挑战。

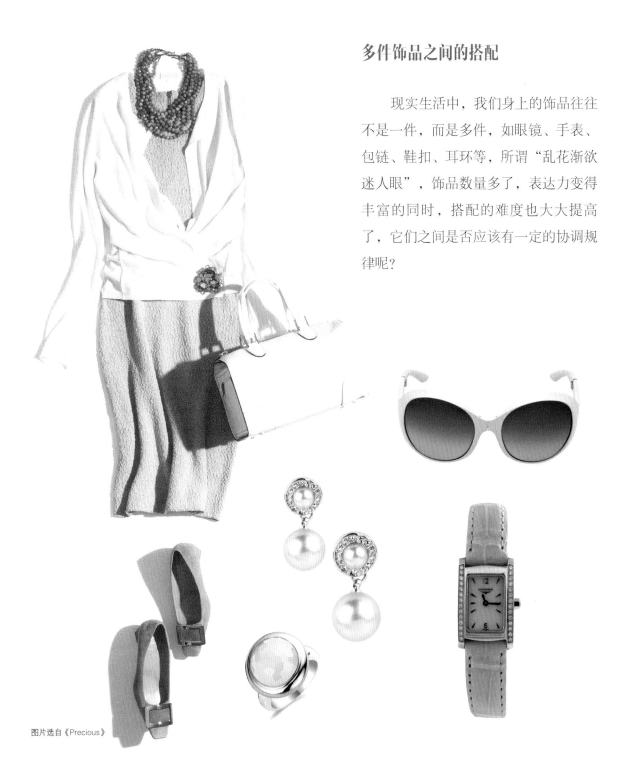

多件饰品之间的搭配

现实生活中，我们身上的饰品往往不是一件，而是多件，如眼镜、手表、包链、鞋扣、耳环等，所谓"乱花渐欲迷人眼"，饰品数量多了，表达力变得丰富的同时，搭配的难度也大大提高了，它们之间是否应该有一定的协调规律呢？

图片选自《Precious》

暖光系列　　　　冷光系列

1. 饰品的冷色和暖色。如果要戴金色的饰品，最好让全身的配件（包括眼镜框、表链，以及衣服、鞋子和包上的各种装饰扣）都是金色的；同理，戴银色饰品时，尽量不和金色配件互相搭配，如银色的耳环不宜配金色的项坠、眼镜框或手表带等，但银色的饰品可以和水晶、钻、珍珠等冷光饰品混搭；然而，如果你的身上有一件饰品是金银双色混合的，你的其他饰品则冷暖色皆宜。

戴K金可能比戴纯金更柔美、高雅；美国银(有点像不锈钢)比纯银更有时代感和易打理；纯银适合设计成古风饰品，一般要经常擦亮了再戴。大颗的钻或水晶适合精致的服装，特别是晚装。

2. 最能彰显饰品颜色的是黑色的服装，而且，服装的款式越简约，饰品自身的美就越突出。当服装素淡时，可以用颜色鲜艳饱和的饰品，如红宝石色、绿玛瑙色、蓝宝石色的饰品搭配，饰品的造型也可以复杂一些，从而使服装整体看上去更丰富。相反，当服装图案非常花哨时，请尽量戴造型简洁、单色的饰品，如金色、银色、水晶色或珍珠，避免过于复杂的款式和过于明艳的色彩。

3. 如果你不想总是用金银饰品装点你的服饰，而是选择带颜色的饰品，选择让饰品的颜色和自己的主体服装颜色之一保持一致是最常用的战略了。如你穿了一条紫色的裙子，白衬衣配一个紫项坠，或珍珠项坠自然不会出错。另外，互补色的应用，也是有艺术气质女性的常选，如穿红裤子时，佩戴一款绿色的玉镯才会更加出彩。同类颜色的深浅搭配，也很常用，如米色的针织衫，搭配一条咖色系的木质项链，会显出非常干净优雅的气质。

简约风格

前卫风格

浪漫风格

古典风格

4. 服装的款式、风格与饰品的搭配。饰品的风格和形状应该和服装的风格相统一，穿套装时应选择简约风格（如后现代主义风格）的饰品；穿浪漫的服装可以戴复杂的、女人味十足的饰品；着古典的服装时应佩戴古香古色的饰品；驾驭一身酷装时可以佩戴设计前卫的饰品。

5. 饰品之间造型的匹配。佩戴饰品时要注意主次分明，如项链很大而醒目的，与之相配的耳环就要低调；耳环的造型和颜色很突出时就不必再戴项链，或戴一条简单基本款的即可，否则会显得太多! 搭配的饰品也要避免用同一造型，如项链是圆形的，耳坠就避免也是圆形的，否则就会感到太多的圆圈出现在太小的空间。

6. 有金属装饰的服装。服装上已存在金属元素的装饰物，如多个金扣和银扣，或领口有很多镶嵌金属、水钻、珍珠时可以不戴项链。

7. 突出强项。对于每天喜欢只戴一件饰品的人，除了考虑和服装之间的搭配，请尽量选择戴在自己最美的部分，即身上哪个部位漂亮就在哪儿戴饰品。如脖子漂亮就多戴项链；胸漂亮就多挂胸链或戴胸针；丰满成熟的女性往往手腕很柔润，应多戴手镯；脸型美好的女性就请多戴耳环，手指纤纤的女孩多戴戒指。

8. 数量。饰品最好别超过三件，戴多了就会像个圣诞树，另外饰品戴得越多，越要求服装的颜色和款式简约和素淡。

9. 曲线和直线。选择饰品的形状要和自己的脸型、颈型协调并且互补——即曲线型的人宜佩戴曲线型的饰品，直线型的人宜选择直线型的饰品。如圆脸的人一定要选曲线的饰品，耳环要选小椭圆，标准长方脸的人选小长方形的耳环，而不要选小圆形的耳环。介乎其中的人选择可以不介意。

10. 脖子。脖颈修长的女性可以多选择佩戴卡脖子的短项链，或者锁骨链，而脖颈短的女性的项链可以长到前胸部适合的地方，以达到拉长脖颈的视觉效果。

最后，无论理论上讲多少，学会佩戴饰品是经由体验获得经验的过程，无论是昂贵的还是廉价的饰品，我们都需要在买时好好照镜子，看看镜子里你的样子是否让你欢欣，是否烘托了你独特的美，是否适合你的气质和肤色。美永远是佩戴的第一要素。

图片选自《Precious》

第三章 CHAPTER

鞋和包：生活方式的说明书

3

第三章

鞋和包：生活方式的说明书

西方人说：鞋是人们生活方式的说明书。这句话是说，如果你研究一个人的鞋，就能读懂她的生活方式。华尔街也有一句著名的格言："永远不把钱交给穿破鞋的人。" 中国人有一句老话说："脚上没鞋穷半截。"这些经典的话都说明了鞋在塑造人们形象中的重要性。

同时，包也绝对是一件举足轻重的饰物。包是一个人风格的宣言书，观察一个人用的包，就能知道她的风格和价值取向。一个严谨的人，包一定是中规中矩的；一个另类的人，包一定是不同凡响的；一个随意的人，包一定是松松垮垮有容量，既实用又方便的。

鞋是整体服饰的主要配角

　　有品位的人无论什么风格，都会小心翼翼地让自己的包和鞋与服装相配套，而不是将包和鞋与服装分开考虑。让服装因为包和鞋而变得更完整和完美，是品位着装与普通着装战略上的重要区别，也就是说有品位的人懂得让鞋和包唱好配角，而缺乏着装经验的人容易让鞋和包与服装毫不相配或喧宾夺主。

　　人在装饰自己时，应重点突出颈部与头部，因为这是最有尊严和最个性化的部位，这就是为什么男性要戴领带、穿浅色衬衫，女性要戴丝巾和饰品的原因。而许多人因穿夸张的鞋（另类、浅颜色、复杂款式或看上去极大的鞋）和袜子（浅色或者鲜艳的袜子），使别人的注意力立刻被吸引到了脚上，殊不知，这是着装中最应避免的错误。

　　包也是一样，如果你背着过于花哨的包，就容易将他人的注意力从人的身上挪到包上，削弱和分散了对人本身的注意，打乱了你辛辛苦苦营造的整体感觉。

鞋的选择

鞋是人的"根基"部分，而且是动态中最活跃的地方，因此鞋的光泽、颜色、硬度、造型、风格，决定着人整体看上去的稳定性、协调性，并决定了着装的整体质量。

原料是品位的象征

鞋的原料一定要选上好的小牛皮、丝绒、麂皮、闪亮的鳄鱼皮、漆皮，以及一些看上去很高档的合成新面料。

款式一定是唯美的

鞋的形状一定要让女人的脚看上去秀美，腿看上去纤长。听说过"女人的脚是女人的性器官"的说法吗？无论这是不是你的想法，但这足以警告我们，切不要让你的脚因为不雅的鞋而变丑。试鞋时一定不要仅仅从镜子的前面看，而是前后左右都要看，最好连腿一起观察。因此，买鞋时应尽量着裙装，这样才能看到鞋对整个腿部的修饰效果。

图片选自《Precious》

鞋的颜色要遵循基本规律

　　鞋的颜色最好采用身上服饰的颜色中最深的颜色之一，如穿粉色连衣裙最好穿深粉色的鞋或玫瑰色的鞋，而不是白鞋或黑鞋；穿浅绿色连衣裙最好配深绿色的鞋。注意白鞋不是百搭的，白鞋只配白色的裙子或裤子，或图案中有白色的服装；黑鞋也不是百搭的，除非你身上有黑色的服饰，才能穿黑鞋，如黑毛衣、黑裙子、黑大衣，也就是说，你全身上下的服饰中至少有一件是黑色时，你才可以穿黑鞋。此外，和白鞋不一样的地方就是黑鞋还可以搭深颜色，如黑鞋可以配深蓝、深红、深紫、深绿等色彩的服装，因为这些颜色很深，近似于黑色。但注意黑鞋不能搭浅颜色的服饰，黑鞋如配黄色、粉色、白色、淡粉色都会很不协调（除非是黑色细带、细跟凉鞋，因为此时脚部主要以肉色为主）。

鞋的形状要和身体协调

鞋还有一个重要的功能，那就是用来平衡整个身体的重量，不注意这一点就会因为鞋的形状不对而大大破坏了体形的平衡。

如许多身体中部肥胖的女性却很爱穿鞋跟细而长尖的靴子，让小腿以下的部分显得很细、很小，这样，她看上去就像一个"枣核"，中间大、下面小，视觉上令人非常不舒适，因为力学上不稳定。另外，还有些女性，腿很细，但喜欢穿粗厚跟的鞋，这样，看起来腿就更细，脚也就过大，产生"底盘"过重的感觉。有很多腿已经很细长的女性还要再穿高跟的高筒长靴，让两条腿看上去像圆规，身体的重心也显得过高而看上去不稳。

鞋最好能修饰脚和脚踝，使脚和脚踝大小粗细的形状与腿平衡，与身材比例协调，不要让脚看上去过大或过小，不要让腿看上去过粗或过细、过长或过短。

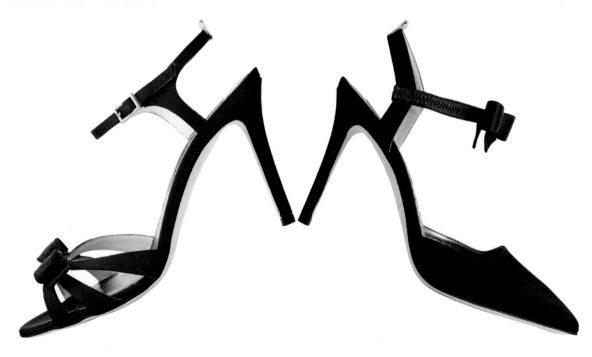

鞋的风格要与服装一致

　　鞋有各种风格的区别，要注意让鞋的风格和服装风格保持一致，让同一风格的鞋配同一风格的服装。世界上没有百搭的鞋，要把上班、晚装、高级休闲、普通休闲、运动、旅游、雨雪天的鞋分开来穿。鞋本身带着丰富的文化，就是靴子，也分用于正式装、晚装、休闲、骑马、军队用的不同款式，许多女性穿上班装配牛仔靴，看上去很不对劲。

鞋的亮度体现品质与风格

　　正装鞋的亮度越高，就越能让服装有风采、看上去越高档。当然，有些鞋的面料（如麂皮鞋、布鞋）并不亮，它们适合与休闲的服饰搭配。

鞋上的装饰简约较好

　　几乎是越干脆、利落、简洁、光泽的鞋越显高贵，除非是古典的鞋(如欧洲古代宫廷鞋上的蕾丝和中国古典鞋上的绣花，以精致繁复为美)，鞋上的装饰几乎可以说越啰嗦越显土。但现在市面上的许多鞋装饰着复杂的花、链，一般都显得不够大方、俗媚。

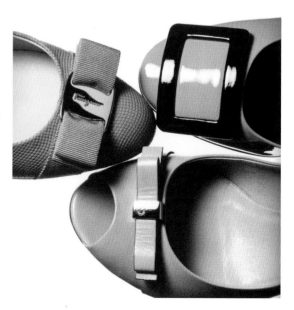

图片选自《Precious》

鞋的和谐搭配指南

体型：让你的鞋子款式和你的体型和谐，如苗条小巧的女性搭配秀气精致的鞋型，丰腴高大的女性搭配有一定量感的鞋型。

风格：鞋子要与你的风格和谐，如浪漫的女性选择有浪漫元素装饰的鞋子，优雅的女性选择内敛典雅知性的鞋子，前卫的女性可选择夸张大胆造型的鞋子等。

场合：让鞋子与你出席的场合相和谐，如果出席一场隆重的晚宴要选择精致华贵的鞋子，而朴实自然的休闲鞋则是轻松随意场合的好配角。

颜色：请让鞋子与你的服饰颜色和谐相衬，它一定是你所穿的土色系里最深的那一种颜色。先备齐黑色鞋子的基本款，然后再添置诸如咖色、深米色、你最爱穿的其他颜色的鞋子。

女性衣橱应有的黑色鞋

所配服装	鞋的款式
冬季职业裙装和高级休闲装	精致长靴
冬季休闲靴裤	休闲长靴
冬季长裤	短靴
晚装	美人鞋
职业装	上班鞋
高级休闲装	高级休闲鞋
普通休闲装	普通休闲鞋和凉拖
运动装	球鞋

雪地靴

精致长靴

短靴

休闲长靴

美人鞋

上班鞋

图片选自《Precious》

高级休闲鞋

普通休闲鞋和凉拖

都市走路鞋

包的选择

买包和买鞋都注意千万不要买太花哨的。太多的人喜欢买特别繁杂的包，上面很多链子、多种颜色，外加大量的拼接，这样的包自身就成了亮点，挂在身上就喧宾夺主了，产生只见包不见人的效果，而且这样的包特别难配服装。应该知道，包和鞋本身都是配饰，应该让它们做好配角，才是有品位的做法。除非你一身素淡朴实无华，就靠包和鞋"提气"，一般来讲尽量避免买华而不实的包和鞋。

鞋和包都尽可能做到简洁、大方、好品质、做工精良、采用基本颜色、较少的拼接、大方的金属佩饰、较不明显的品牌标志。多积累这些基本的款式，以适合搭配各种不同风格的服装。黑色是最实用的颜色，多买黑色的包和鞋永远不会有问题。

包的和谐搭配指南

体型：你的包包和你的体型相和谐吗？请根据你的体型来选择包的"体型"，如果是娇小的女性，不妨选择小尺寸的包包，如果是有一定量感身体的女性，包包的尺寸也要相应大一点。

风格：选择包包要与你的风格和谐，如传统型的女性可选择经典低调的包型；戏剧型的女性可选择偏时尚张扬的包型；而对于自然运动型的女性，随意简约的休闲包可谓首选。

场合：请让包包与你出席的场合相和谐，如方正严谨的公文包是商务场合最佳选择，而一场烛光鬓影的社交舞会中，一个钉珠镶钻的小手包会为你更添几分典雅名媛范。

颜色：尽可能让包的颜色保持和服装的颜色有相关性，这和选择鞋的颜色类似。略有区别的是，包的颜色不一定选择身上颜色中最深的。适应不同场合的黑色基本款包是品位女人的必备品，百搭而又经典，而其他颜色的包则可以根据自己的喜好、衣服颜色的偏重来选择添置。

所配服装	包的款式
严肃职业装	公文包
普通职业装	上班包
高级休闲装	随意大包
旅游装	双肩背包
运动装	运动包
晚装	精致手提包
海滨装	草编包

公文包　　　　夏季上班包

上班包

高级休闲包

双肩背包

运动包

旅行包

随意大包

晚装包类

草编包

第四章 CHAPTER

手表：环绕腕间的品位宣言

4

第四章

手表：环绕腕间的品位宣言

如果要从女性的饰品中选择最能代表个人品位的一样饰品，请相信我，那一定是腕上所佩戴的那一块手表。尽管手机同样可具备看时间的功能，但却永远无法取代一块经典的手表所蕴含的意义和所表达的诉求。

手表可谓是环绕女性腕间的品位宣言，为佩戴者打上鲜明的现代独立女性的时代烙印，再没有一种配饰像手表那样能表达出一种自信、理性、知性和自制之美，项链、戒指、耳饰都是延续古典之美，是古今通用的配饰，而手表则是独属于当代的展现女性魅力和风采的配饰。无论是奢华的钻表、简约的钢表或是精致小巧如珠宝的女装表，还是洒脱狂野的运动款男装表，它们都有着共同的属性——掌控时间，清醒自制地把握人生与生活。

手表的风格

职业表：搭配职业装的手表一般为皮表带，或是不锈钢表带，表带和表盘都是基本款，方正或圆形，以没有过多的钻石和多色彩装饰为佳，即使有装饰性元素，也要极为低调简约。想想，如果在商务会谈场合与客户握手，一伸手，严肃职业化的套装袖口露出一块镶金带钻、闪耀如千瓦白炽灯的手表，对方想不走神都难，对于你的专业程度和个人修养恐怕也会产生怀疑了。

（表款由亨吉利世界名表中心推荐）

高级休闲表

经典的职业表

高级休闲表：表带和表盘非常有时尚设计感，或者有匠心独具的造型，如细细的金色、银色表链，精美花纹装饰的表盘等。这类表一般可以搭配高级休闲装，视其精致程度也可以搭配晚装。

（表款由亨吉利世界名表中心推荐）

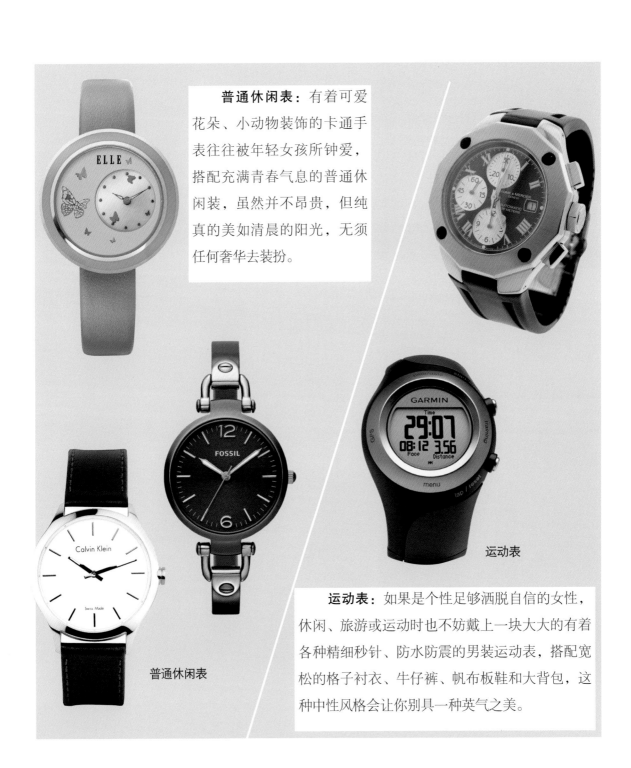

普通休闲表：有着可爱花朵、小动物装饰的卡通手表往往被年轻女孩所钟爱，搭配充满青春气息的普通休闲装，虽然并不昂贵，但纯真的美如清晨的阳光，无须任何奢华去装扮。

普通休闲表

运动表

运动表：如果是个性足够洒脱自信的女性，休闲、旅游或运动时也不妨戴上一块大大的有着各种精细秒针、防水防震的男装运动表，搭配宽松的格子衬衣、牛仔裤、帆布板鞋和大背包，这种中性风格会让你别具一种英气之美。

晚装表： 一块镶满钻饰或设计精美雅致的手表最适宜的搭配是晚装，它会是环绕腕间的最美的珠宝，兼具着实用和时尚的双重魅力，既丰富了配饰的属性，又凸显个人的品位。

晚装表

手表搭配小贴士：

作为腕上的配饰，手表的搭配同其他饰品一样要遵循冷暖色和谐的原则。

如果是金属表链，请注意金属的色泽要和身上其他金属元素的冷暖色相配；如佩戴金色的眼镜搭金色的表链，比搭银色表链更高雅，此时如佩戴戒指也要考虑金色系列。相反，如佩戴了银、水晶等冷色饰品或眼镜，搭配银色表链则更相衬。

如果是其他材质带有颜色的表带，表带的颜色应和衣着的主色调相配。

尺寸：请让你的手表大小和你的体型相和谐，尤其是和你的手腕的丰纤度要相衬。体型高大丰满、手腕丰腴的人选择大表盘，体型娇小苗条、手腕纤细的人选择小表盘。

第五章 CHAPTER

腰带、腰链：系出窈窕曲线美

5

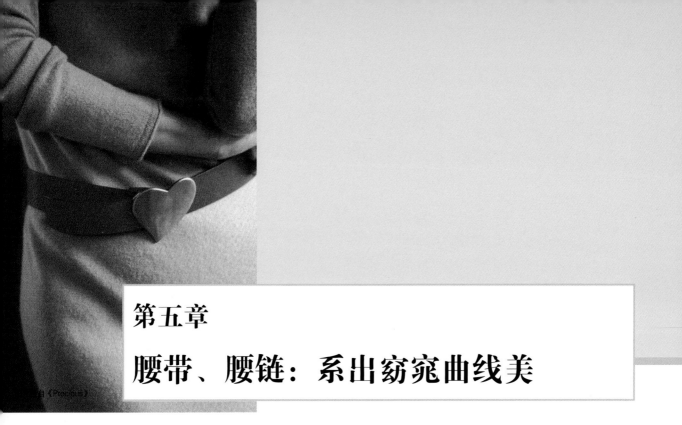

自《Precious》

第五章
腰带、腰链：系出窈窕曲线美

窈窕淑女、腰如约素、杨柳纤腰，这些美好的词句可谓是对女性身姿之美的赞叹与欣赏。女性的美在于婉约如行云流水的曲线之美，与男性直线型的身体线条是刚柔迥异的两种气质。这也正体现在腰带对于两性意义的不同上：对于男性而言，腰带往往是一种奢侈物的代名词，是身份、地位、财富的象征。而对于女性，腰带则是装扮腰身窈窕曲线美的最佳武器，无关乎金钱，更在于其美的艺术性和创意性。

常有女性为自己的体型而苦恼，羡慕模特的"九头身"好身材，觉得自己身长腿短，比例不够完美。那么，如何能够从视觉上修饰出黄金分割的好身型比例呢？一条优美雅致的腰带是你的必备品，它不仅让衣服更有风韵，还能提高你的腰线，让下半身显得更修长，从而营造出更佳比例的身材体型。这就像高腰裙的原理，不过腰带是更方便的方法，巧妙系出盈盈腰身，让你的腰线"乾坤大挪移"。

如何选择最适宜自己的腰带

百搭款：黑漆皮、金链、银链款

如果你是本身腰围很纤细的女性，那么你很幸运地可以拥有很多选择，各种腰带都可以自由随意经常地搭配。当然，黑漆皮材质的腰带是最百搭的款式，其次是金色和银色链子款式的腰链，它们也会是日常出镜率比较高的配饰单品。

与体型谐调相称

当然，我们大多数人的身材和体型都不会如模特般完美，总有着各种小缺憾，所以在选择腰带时一定要考虑到自己的体型：

体型比较大、个头比较高的女性可以选择比较宽的腰带，如果系上一条过于纤细的腰带，不仅腰带没有存在感，也会和体型产生不相称、不谐调的观感。相反，小巧玲珑的女性则应选择比较窄的腰带，否则本来不高的个头，腰中间再配上一条宽宽的腰带，整个人像被三等分，更凸显了个头的劣势。腰部特别丰满的女性，应避免任何腰部的饰物。对于低腰的女性，宽腰带是调节上身的重要工具。对于纤细的女性，尽量佩戴腰带吧。

图片选自《Precious》

与衣服"花素"反差

腰带作为全身中间位置的醒目元素，一定要和所搭配的衣服形成"花色与素色"的反差。

如果你的衣服是有花纹图案元素的，那么所搭配的腰带一定是素色无花纹图案的，反之亦然，如果衣服是素色的，搭配的腰带则以有花色为佳，成为衣服的调剂与丰富。这样让腰带和衣服的"花与素"形成反差，不会因"两花相争"而有冲突，看上去繁乱，也不会因过于素淡而看上去乏味单调。

与衣服的"冷暖色调"一致

佩戴腰链要注意上面的金属元素，这些金属元素也应和你身上的衣服以及其他金属物件的冷暖色调相一致。

如果你的衣服色调为咖色、米色系、砖红、暖绿等的暖色，而身上其他金属配饰物件为金色，那么腰带或腰链一定应是金色的；如果你的衣服色调为冷色系，而身上其他金属配饰物件为银色、白色、透明的冷光系，那么腰带或腰链则应选择同样的冷色系。

图片选自《Precious》

图片选自《Precious》

图片选自《Precious》

图片选自《Precious》

图片选自《Precious》

与衣服的"风格"一致

　　腰部的饰物也分风格，优雅的、浪漫的、戏剧化的、平实的、阳刚的等，其风格要与衣服整体保持一致。

第六章 CHAPTER

胸花与胸针：绽放的魅力

6

第六章
胸花与胸针：绽放的魅力

　　曾与一位女性友人在一个安静的莲池畔共饮下午茶，露天的木桌椅茶座，漆纹有几分斑驳，映衬着婆娑树影。女性友人一袭素棉裙裳，没有任何饰物，唯有胸前一枚胸针，扭丝盘花的银质藤蔓上，用数十粒小小的翡翠镶嵌成绿叶，在她的胸前绽放着古典别致的魅力。

　　许多女性在选择配饰时，往往会忽略胸饰，其实，胸花和胸针都是配饰中的经典元素。民国名媛的老照片里，旗袍的胸襟前往往会别着一枚精致的胸针，才女张爱玲的散文中也曾叙述过她童年时在镜前看母亲在绿衣上别上翡翠胸针，羡慕万分，渴望长大。胸针的美在女人的胸前，用闪耀的光芒衬托出优美的曲线，却别具端庄典雅的视觉效果。

绽放与闪耀的美

胸针与胸花，是两种不同风格的胸饰，一种美在闪耀的光芒，一种美在如花般层叠绽放。

我曾听过不少女性抱怨过她们对胸花的困惑，掌握不到戴胸花的感觉，胸前戴上一朵胸花总让她们感觉到过于刻意、难以放松自然。

在我看来，胸花恰恰能够最熨帖充分地展现一个成熟优雅女性的魅力，在岁月流逝中，一个女人从含苞待放的青涩，成长为芳华盛放的圆融，正是这份年龄沉淀积累出的美与胸花相辉映，绽放出繁盛自信的美。

如何佩戴胸花

　　胸花最适宜也最常用的出镜场合莫过于搭配套装，职业女性的套装往往是素淡的颜色和中性的款式，总是搭配丝巾未免有些乏味，如果在领口上别上一朵丝绸质地、做工精致、颜色淡雅的胸花，这一身套装瞬间融入了柔美女人气质。

　　如何选择胸花的颜色？对立和反差可谓是不二法门。让胸花的颜色一定要跳脱出来，与你的上衣颜色形成对比。比如，穿一身深色衣服时，胸花一定要选浅色、艳色；同样，如果上衣是浅色，胸花则以深色为宜。

　　如何选择胸花的大小？请记住，均衡为美之准则，胸花的大小一定要和你的体型成比例。体型丰盈的女性，可以选择大朵的饱满怒放的胸花，反之，如果是体型娇小的女性，请一定选择尺寸精巧纤小的胸花。

选择与取舍：胸针与胸花

　　胸花与胸针之间如何选择？答案就在你的上装中寻觅。优雅一定是删繁就简的，而不是重复堆积。

　　如果你上装的胸、颈部位已经有了很多布料，比如繁复的花边、褶皱设计，蕾丝的衬衫领，或一条美丽的丝巾，请千万不要在胸前再佩上同为布艺元素的胸花，此时，一枚精致的胸针会是更好的选择。

如果你的颈部和胸前已经有了很多金属元素的配饰，如夸张的大项链，或长长的多层毛衣链，如果再佩戴一枚胸针，你的胸前披挂的金属饰物就有过多之虞，而胸花却可以中和金属元素的美，凸显出柔软浪漫的淑女风格。

别样的戴法，别样的美

如果仅仅只佩在胸前，你还没有把胸花与胸针的美发挥到极致。配饰的美在于它们不像衣服，衣服形式感基本被固定。配饰的自由多变的形式，可以体现出你的无穷灵感，融入你的各种巧妙搭配创意。

对于有着优雅品位的女性，胸花和胸针在她们手里是非常有用的装饰品。戴在领口可以当领扣，有维多利亚时代的复古风格；别在礼帽的一侧，让简约的礼帽平添几分设计感；别在腰间，可以让一件宽松的长裙瞬间展现出盈盈腰身；别在发间，让秀发闪耀隐隐约约的光芒，或绽放一朵美丽的花朵；佩在包袋上，为包袋增加优雅的细节。

第七章 CHAPTER

帽子、发饰：优雅从"头"做起

第七章
帽子、发饰：优雅从"头"做起

帽子：时尚的宣言

　　帽子几乎是时尚女人的Logo。《窈窕淑女》的电影海报上可以看到赫本那美到让人炫目的阔沿帽；而《泰坦尼克号》中露丝从车里下来的第一个亮相，同她的美貌一样让人惊艳的也是她的帽子；《色戒》中的王佳芝让女性观众难忘的多半也是那顶让她温婉沉静的窄沿小礼帽，而不是她在影片中的爱恨纠缠。当然生活中的我们不必选择那种有舞台戏剧夸张效果的款式，然而即使一顶素淡简约、质地精良、款式优雅的适合自己的帽子，也会让你倍添含蓄的优雅女人味。

实用也美貌：帽之格调

帽子的美，在于它具有一种富有张力的格调韵味，无论身着一件优雅的真丝连衣裙，还是简约的棉质白衬衫、卡其裤，或是最基本款的风衣，只要搭配一顶圆顶丝带蝴蝶结小礼帽，这一身装束立刻有了气质上的无形提升。

除了格调美之外，帽子还是很有功能的配饰，冬日的萧瑟严寒中，一顶温暖的羊绒针织帽能够防止头部的热量散失；夏天的艳阳高照下，一顶造型优美的阔沿太阳帽可是最好的遮阳防晒装备；有风的季节，如果不希望自己飘逸的头发在风中凌乱狼狈，不妨学一学《乱世佳人》中南方淑女最爱的帽子造型，用一条长长的丝巾包住帽子，在下巴上系一个蝴蝶结，让丝巾的两端在风中随秀发一起飞扬。

此外，选择合适的帽子还可以修饰我们的脸型；发型不够完美时，也可以用帽子来巧妙藏拙。

人人都有"帽相"

　　遗憾的是许多女性还不习惯在整体形象中加入帽子这一元素，觉得自己没有"帽相"。其实，人人都有"帽相"，都可以发现最适合自己的帽形和款式。当然，脸型标准的人选择适合自己的帽子更容易一些，大部分的人，需要足够的耐心，去千挑万选、寻觅发掘最适合自己气质、最修饰自己脸型和身材的那款帽子。

　　一般来说，脸型较长的女性可以把帽子戴得低一点、深一点；脸型较短的女性可以把帽子戴得浅一点、高一点；俏皮可爱的圆脸女性可以戴有蝴蝶结装饰的小圆帽，帽子戴得偏一点；身形高挑的女性可以戴大大的阔沿帽；而小巧玲珑身材的女性一定要选择窄沿帽或者无沿的贝雷帽。

打造美"帽"女郎

如何把帽子戴出优雅格调，而又不失恰如其分的自然与得体，以下便是美"帽"女郎必须了然于胸的戴帽之道：

硬呢帽：一顶有版型的硬呢帽是上班女郎的必备装备，一丝不苟的套装、硬朗的外套，大大的皮革公文包，戴上一顶硬呢帽，无须追求任何潮流，游刃有余的职场魅力已无形散发。

礼帽

针织帽：休闲装的最好搭配莫过于一顶造型轻软随意的针织帽，不同的款型和颜色可以搭配运动装、休闲装或混搭街头装。

针织帽

遮阳帽：骄阳如火的夏日里，防晒成了重要主题，优雅女人要呵护脆弱的肌肤，各种美丽的帽子便缤纷登场。精致面料如丝绸、细棉制成的有沿太阳帽可以配浪漫优雅的连衣裙，亚麻或卡其布的渔夫帽、盆帽等可以配随意闲适的休闲装。

遮阳帽

鸭舌帽、长舌帽：鸭舌帽一般被时尚人士所钟爱，带着几分帅气和中性风格，配中性打扮，别具一种张扬洒脱的魅力。长舌帽则是运动或旅游时的必备行头，把长发束成马尾，从长舌帽后利落地垂下，不经意中带着几分清爽的味道。

长舌帽

鸭舌帽

礼帽：在国外生活过的人，一定对他们的礼帽文化不陌生，在白天隆重的社交活动中，礼帽就像淑女身份的象征一样不可或缺。如英国每年的皇家马会上，最吸引眼球的不是女士们的礼服，而是她们头顶造型千姿百态、争奇斗艳的礼帽，俨如一场美帽的盛会。当然，对于没有礼帽传统的我们而言，如果你不是出席一场时尚盛宴，那么还是为自己选择一顶简约经典款式的礼帽吧。

礼帽

与帽子的美丽邂逅

"如何让我遇见你，在我最美丽的时刻。"如何在最合适的时刻与场合，戴对一顶美丽的帽子？场合、颜色——这是修炼成美"帽"女郎的必杀绝技。

场合：如果你一身优雅小黑裙出席鸡尾酒会，圆顶小礼帽会是最佳配角；如果是周末去郊外野餐，太阳帽或渔夫帽则是舒适自在的好搭配；如果是背起行囊去远足或户外运动，长舌帽或军装帽都会是个性又酷帅的选择。

颜色：除非你有绝佳的服饰品位和搭配技巧，否则，请尽量多买素色的帽子。比如，冬季主打黑色或咖色系，夏季主打白色和米色系。最简单的颜色才能适宜于最丰富的应用，展现最经典优雅的气质。想象一下，如果你有一顶大红如火的帽子，恐怕无论你如何精心搭配衣着，也无法抹去这顶帽子给人留下的喧宾夺主的鲜明印象，帽子成了主角，而你成了黯淡的背景。

发饰中的优雅之道

　　除了帽子之外，发饰也是头上的另一种风景，是我们女性秀发上的美丽装饰元素。

　　许多女性会佩戴发饰，却不得其优雅之道。我们常常会看到衣着比较朴素淡雅的女性，头发上却戴了一枚亮闪闪的发卡，或优雅装束的上班女郎，马尾辫上束了一个可爱风格的小发圈。

　　可能你会觉得这么小小的一个发卡、发圈之类的头饰，颜色不重要，殊不知，人的脸和颈部的美应该是从头到脚最重要的环节。所以，请不要用不高雅的发饰破坏头部的美好，也就是说要让你的发饰和你头发的颜色保持接近，千万不要戴显得很廉价的五颜六色的发饰，因为头部的装饰在人体的最高位置，尽管你在镜子里可能看不到，但在他人眼里，它实在太明显了。

图片选自《Precious》

图片选自《Precious》

发饰最安全不出错的颜色是接近头发颜色的黑色或深棕色。如果是其他鲜艳或浅色的发饰，往往会和我们服饰的主色调冲突，特别是职业女性穿套装时应尽量避免彩色发饰。

搭配日常着装的发饰不宜过大过夸张，以低调的小巧精致为宜。金色、银色的装饰性太强的发饰主要用于搭配晚装，在夜色和灯光下，让秀发间闪耀着璀璨光芒是合宜的表现，如果是白天就有失格调和分寸了。

第八章 CHAPTER

太阳镜：酷女当道

8

第八章

太阳镜：酷女当道

每个女人都需要拥有几副太阳镜。

没有任何一件时尚单品比太阳镜更具有鲜明的时代感——它是一个时代的时尚代码，宣告着淑女风格的革命性改变。在电影《蒂凡尼早餐中》，奥黛丽·赫本凝视蒂凡尼橱窗的形象已成银幕中永恒的经典画面，除了优雅的小黑裙和炫目的珠宝，赫本身上最大的亮点就是脸上的大框墨镜，而同样优雅的杰奎琳·肯尼迪用丝巾包住脸庞和宽边太阳镜的造型更是时尚殿堂里永不磨灭的"杰奎琳风格"。复古大框太阳镜引领了20世纪六七十年代的淑女风潮，至今仍为人所称道、推崇。

每个女人都需要拥有太阳镜，时尚女郎更是太阳镜的热衷者。它不仅是夏日保护眼睛、防止紫外线伤害的必备品，更是时尚与现代风格的最佳诠释与表达。太阳镜的作用正在不断地被扩展，也可用来作为头发上的装饰品。无论是优雅的淑女装还是轻松随意的休闲装，搭配一款经典的太阳镜，都能够展现出更丰富，更具张力的视觉效果。

复古经典是首选

如果只能选择一副太阳镜，那么，经典的复古大框蛤蟆镜永远是最得体、最安全的首选，因为时尚无论如何变迁，经典永远不会出错。我们看赫本和杰奎琳，以及20世纪六七十年代流金岁月的老照片中，这款蛤蟆镜绝对是出镜率最高的配饰单品。

如何选择适合脸型的镜框

首先，太阳镜的大小一定要适合脸型的大小，脸型较大的人要选择大型的镜框，脸型较小的人可选择小型的镜框。

其次，镜框的形状要适合脸型的线条。比如脸型线条非常方正，呈直线型的人要选择比较方正、直线型的镜框，而脸型线条特别柔和，呈曲线形的人，可选择同样是曲线形的镜框。而介于两者之间的人，选择的余地就比较宽泛。

最后，镜框的粗细要根据眉毛的粗细来选择，浓眉的女性要选择粗框的太阳镜，以更好地衬托英气爽朗的眉形，而眉毛比较细挑的女性可选择细框的太阳镜，这样比较秀气的镜框和秀美的眉形也会有谐调之美。

如何选择太阳镜的颜色

尽管赫本有一款很经典的白色粗框蛤蟆镜曾作为杂志《浮华世界》的封面造型搭配而风靡

世界，然而，除非你出席一场时尚派对或去海边度假，请尽量避免白框太阳镜，对于我们的日常衣着搭配而言，这样的款型未免失之华丽和夸张，而稍欠实用。

对于肤色特别暖色的女性来说，棕色、金色、琥珀色无疑是最能让你的肤色光彩照人的选择，深棕色、浅棕色、米咖色、金色都是太阳镜的最佳颜色。而对于冷肤色的女性，可以选择边框为紫色、黑色、银色、粉色、灰色和冷绿色的太阳镜。

当然，对于时尚指数更高的女性，还可以根据衣着的颜色搭配相应色彩的太阳镜，比如红色系的衣着配红色系的太阳镜，绿色系的衣着搭配绿色系的太阳镜等。让太阳镜也成为整体着装色系中丝丝入扣的元素之一，更显讲究与品位。

让太阳镜与你的配饰相得益彰

如何在佩戴了项链、耳环等其他配饰的同时，让太阳镜与这些配饰很好地搭配在一起，相得益彰而不显得累赘或烦琐。这可谓是对我们搭配功力的一大考验。

最简洁的办法就是做减法。无论我们佩戴了太阳镜，还是一款普通的修正视力的眼镜，请不要再佩戴耳环。因为在一定区域内，金属元素的饰物太多就会显得烦琐凌乱。当我们戴了眼镜再戴耳环，耳朵这个区域感觉有了过多的装饰和点缀，而产生堆砌感。减去耳环的元素，顿时会清爽整齐、简约利落了。这就是奇妙的平衡术。

当然，项链、手镯和戒指都不受影响，可以自由搭配。然而，这又是对我们搭配功力的另一大考验，如何搭配太阳镜与其他配饰的颜色？

我们的其他配饰色彩往往千变万化，让太阳镜的颜色与配饰颜色和谐搭配的最基本原则就是冷暖色统一。当你的其他配饰如项链、手镯、戒指为银色或水晶等冷色系时，你的太阳镜边框上的金属装饰一定是银色的；同理，当你的其他配饰为暖色、金色系时，你的太阳镜边框上的金属装饰一定应是金色的。

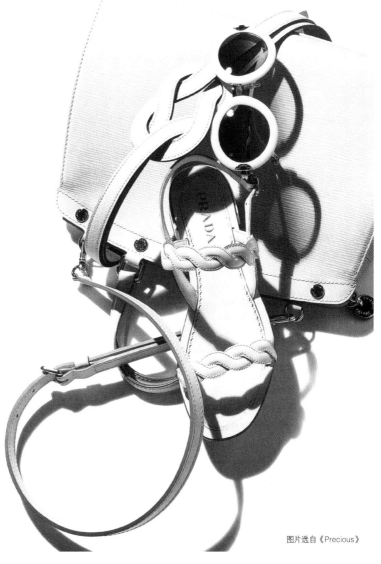

图片选自《Precious》

手套、丝袜：做个宠爱自己的女人

9

第九章

手套、丝袜：做个宠爱自己的女人

手套让女性高贵雍容

大凡优雅精致的女性都小心翼翼地呵护着自己的手，除了不断地清洁和润肤，手套更是女人的贴心知己。戴手套的女人一定是爱惜自己的，也一定是品位不凡的，在着装文化中，手套不再仅仅做防寒、防晒、防尘、防辐射、防干燥、防病毒等之用，而更是一种手上的装饰，被赋予了时尚的魅力。

西方文化中有皇室的白手套礼仪，摩纳哥王妃格雷斯·凯利便是白手套女士的典范。戴安娜王妃有上百双手套，肯尼迪夫人不戴手套就不出家门。服装中最能体现优雅品位的地方往往是这些小小的细节。请从现在开始，选购数双上乘面料的时装手套，颜色要素雅，剪裁做工要精致，利用它们与你的服饰巧妙搭配，相信会令你大为增色。

如何戴出手套的优雅品位

有些女性会说，我冬天也常常戴手套。但是，一双万年不变的黑色手套虽然是保险的百搭品，却过于单调乏味，无法彰显出你的着装品位和格调。

首先，你需要必备两大手套"主角"：一双质地优良的羊绒手套和一双真皮手套，轻软细致，贴合你的手型，让你的手指显得纤细修长。这样的手套是上班装和高级休闲款的风衣或呢子大衣的最佳搭配。

普通休闲装和运动装中一般可搭配保暖的毛织手套，可以是帅气的男款，或有可爱装饰的手套，根据服装的精致程度决定是用羊绒还是粗羊毛手套，与你的着装风格相匹配即可。

如果你的衣橱中有一件心爱的无袖或短袖晚装，那么，你可以为它寻觅添置一双长款蕾丝或丝绒质地的半臂手套，它会为你的晚装增添一种英伦淑女格调——庄重典雅、优美高贵的风范。

露指手套则是时尚达人、风尚潮人的偏爱，与前卫、嬉皮或街头混搭装相配，大胆地宣告着风格宣言。

图片选自《Precious》

丝袜是女人的第二层肌肤

　　丝袜是女人的第二层肌肤，它有一种不可思议的魅力，说是奇妙而独特的"魔力"也不为过。电影《西西里岛的美丽传说》中，玛琳娜小心翼翼地提上玻璃丝袜，穿上细长的高跟鞋，走在那个海边小镇中，低眉敛目，不苟言笑，依然让整个镇子的男人驻足凝视。同样，电影《色戒》里，王佳芝的旗袍摇曳，丝袜在不经意间隐约闪现，女人含蓄的性感，摄人的魅惑力在那一刹那跃然而出。

　　丝袜的奇妙在于，无论你的腿形是完美无可挑剔，还是有着不尽如人意的小缺憾，只要穿上一双轻薄如蝉翼的丝袜，它就会让你的腿部线条柔和立体，散发出成熟女人独有的风韵。

如何用丝袜装扮出美腿风情

首先，无论选择哪种款式，丝袜的质地一定要是上乘的，因为这是你腿部的第二层肌肤，它的质地，体现了你对自己的态度。一双弹性松弛的丝袜会在膝盖或脚踝堆积出褶皱，就像是你的腿在无声地向世界宣告，你放弃了做女性应有的态度。

最实用的丝袜莫过于透明度高、弹力好的素色连裤袜，肉色、深灰色和黑色都是百搭的优雅选择，尤其对于职业女性而言。如果不是连裤袜而是长筒袜，穿着时一定不能露出袜口，也就是说袜口一定是藏在裙子里的。

图片选自《Precious》

除了低调简约的素色丝袜外，还有各种提花图案，或者面料中闪烁金丝、银丝光芒的连裤丝袜，这些属于时尚单品，可以搭配高级休闲装或晚装，不适合上班的职场着装。

至于有一定厚度、不透明的针织花长袜，一般是少女的专利，搭配可爱青春的连衣裙、复古小圆领、百褶裙、平底圆头鞋，这样娇俏甜美的一身打扮会让你如春日绽放的蓓蕾一般惹人喜爱。

渔网袜和有线条的袜子是性感女性的最爱。

别让袜子成为气质杀手

浅色尤其是白色棉袜一定要小心搭配，它们会是运动服的妥帖好配角，穿白色运动鞋时除外。而在日常装扮中，请尽量避免穿浅色或白色针织袜配黑皮鞋，否则，你看上去会像是参加迈克·杰克逊的模仿秀。

此外，在闷热的夏季，清凉露脚趾的凉鞋或鱼嘴鞋是许多女性的大爱，而丝袜配凉鞋也成了街头常见的尴尬一景。请记住，只要鞋子露出脚趾或脚跟，就不能再穿丝袜，肉色短袜更是气质杀手，品位大忌。

图片选自《Precious》

图片选自《Precious》

第十章　CHAPTER

雨伞：风雨俏佳人

10

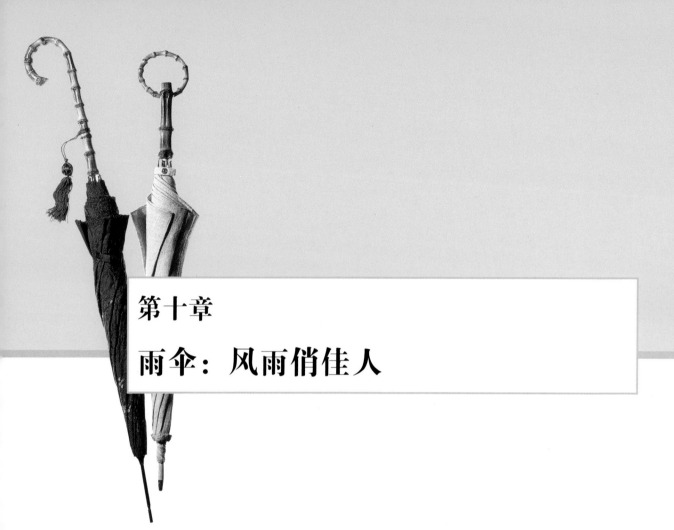

第十章

雨伞：风雨俏佳人

雨伞：检验优雅态度的试金石

我们常常可以看到雨天的街头，许多优雅着装的女性，手里撑着一把花色与着装极不相称，一看就知是十元买来应急的雨伞，这让她们的整体形象因之大打折扣。

雨伞在今天这个时代，仿佛已从配饰的舞台渐渐隐退了，我们更注重的是它的遮阳挡雨功用，而忽略了它曾经也是淑女手中形影不离的装饰物。在维多利亚时代，欧洲上流社会的淑女们，身着华丽曳地长裙，戴着优雅的帽子和手套，手中一定撑着一把花边繁复的小白伞。当今社会提倡健康美，遮阳伞已不再时尚，成为落伍审美的象征。

可能许多女性会问：夏天的阳伞可以搭配美丽的裙子，走在街头也会吸引来赞叹欣赏的眼光。雨伞有如此重要的搭配作用吗？

其实，这仍是态度的问题，是一个女人对于优雅和格调持之以恒地坚持的态度，一款高雅的雨伞确实是高雅女性的试金石。

一个站稳了唯美立场的女人，在任何时刻都应是美好清馨优雅的，即使风雨不期而至，即使满街行人都匆匆避雨，无暇顾及他人，她也不会随便地用一把花色艳俗、质地低廉的雨伞，破坏自己整体的形象品位。

选一把优雅的伞，做一个风雨俏佳人

选择一把优雅的伞，请遵循素色为王道的原则。因为素色百搭，无论你的衣着是什么色系都可以谐调搭配。否则身上的着装和手里的雨伞是两个冲突的色系，可谓是两"花"相争，必有一失。雨伞的素色可以是黑色、深蓝色、灰色和米色，雅致而低调，不会喧宾夺主，是全身衣着搭配的一个好配角、好背景。黑色、深灰色、深蓝色、米色是都市女性的不二之选。

而一把有花纹图案，有颜色的雨伞往往只能搭配素色的服饰，雨伞花纹越繁复醒目，服饰就越需要素雅简约，这和服饰搭配是同样的道理，优雅一定是和谐的，而不是冲突的。

虽然折叠雨伞很便捷实用，方便收纳在包里随身携带，然而优雅的女人会更偏好有着纤细修长线条的长柄伞，手柄弧度优美，打开有古典的拱形尖顶，这样的雨伞持在手中，就像是女性美的化身，和谐而平衡，让人看上去赏心悦目。

当然，选择雨伞还要注意与我们的体型相和谐，体型较高大的人要选择大型的伞，而体型娇小的人要选择较小一点的伞。

写在后面的话

　　女人的美是女人的精致，金庸先生说：女人的美说到底，是一种氛围。而这种女人的氛围，不仅是女性端庄的姿态、优雅的谈吐、得体的妆容、品位的着装，还有女人在丰富斑斓的配饰中戴出来的格调，折射出的对美的态度，对个性、别致的性灵的追求。

　　本书从方方面面解读了配饰的搭配方法，然而，在提笔之初，或说在我的脑海中浮现一个构思，要写一本配饰与女人的书之时，我希望这本书给予每位女性的不仅仅是一堂配饰搭配必修课，而是一种态度：美，应该是无处不在的，追求美的女人，对待自己要像大师对待一件精心创作的作品那样，不让每一笔疏忽，才能成就一件完整的艺术品杰作。

　　生命是由点滴细节组成，细节让生命丰盈滋润，而生为女人，应该是每一个细节都优雅的艺术品，每一个细节都是花了心思，经得住推敲的，让自己更美好的。这样才是活出了唯美浪漫境界的女人。然而，生活中，我不无遗憾地发现，许多女性目光只停留在自己的穿衣上，而忽视了配饰所能够带来的精彩之笔。

　　当然，这背后不乏社会与文化因素的影响与导向，装饰性的配饰文化与审美曾经一度被我们的社会所摒弃。也正因此，我相信这本书承载的价值超越了一本所谓"时尚教科书"，它的内容或许不够潮流、不够炫目，然而，它告诉你，配饰装点出的格调之美与年龄无关、与金钱无关、与流行无关，它只关乎你对美的追寻与坚持。

　　如果它唤醒了你心中对美的渴望，那么，这就是这本书的意义所在。

爱美爱国的幽兰博士
——幽兰女社社长张乐华博士

"月影涌动夜黄昏，自有一片暗香来"，如此宁静幽深而富有诗意的诗境正可形容这位风姿优雅、气质高华的知性女性——北京幽兰女社社长张乐华博士。张乐华博士人称气质"教母"，中国成年女性素质教育第一人。国际素质培训专家、中华女性素质教育基金执行秘书长、北京幽兰女社创办人，主要课程的研发者及课堂质量督导、培训人。

张乐华博士孜孜不倦的人生目标可以用两个词来形容，那就是爱美和爱国。她把自己爱国的激情体现在对美孜孜不倦的传授上，把爱美的努力彰显于让富裕起来的中国人能更体面、更有尊严地昂然站立在世界面前的崇高目标上。

2001年，张乐华博士创办的北京幽兰女社，全面致力于中国女性的形象素质、行为素质、心理素质、职业素养和文化素养的提升培训，并不断吸取发达国家300年女性素质教育经验，成功研究出全套帮助中国女性成长、成熟、成功和魅力提升的五大系列（共计100学时）课程，这些课程将传统东方女性温婉尔雅的含蓄传统美德和具有独立自强的现代女性精神融会贯通，全面打造具有东西方文化底蕴及古代美和现代美于一身的卓越女性。

张乐华博士研发创立的"中国女性综合魅力素质课程"，除对前来幽兰女社学习的女士进行小班授课外，还将这些课程结合多年心得体会编纂成书籍服务大众，张乐华博士的著作有《你的优雅价值无限》《穿美36问》《美好服饰搭配10大金律》《众目睽睽下的淑女和绅士》《穿出你的品位》，即将准备出版的专著有《活出浪漫》《国际公务员礼仪参考大纲》《女孩，女人，女神》等，她将知识无私地奉献给广大读者。

在过去的十年中，张乐华博士还进行了上百场公开讲演，发表了上百篇文章，对许多重要的政府部门、企业、事业单位以及女性集中的单位和部门进行过培训。张乐华博士至今已成功地为奥组委志愿者、故宫博物院、爱立信中国、西门子、光大银行、中国轻工部、中国移动、外交部新闻司、北京市工商局、农业银行、国家财政部、中央电视台人力资源部等上百家著名企业及政府机关单位工作人员提供"企业综合素质培训"。

张乐华博士用自己的人生证明：女人要想卓越，就要不断地修炼自己，让自己不断地成长，让自己的形象、行为、观念、生活方式符合审美原则，让自己美得优雅，美得深刻，美得高尚；她用自己的实际行动证明只有这样孜孜不倦地学习，才能让女性从充满憧憬的女孩成长为自信自爱的女人，再升华到博爱济世的女神。

"宁可抱香枝上老，不随黄叶舞秋风"，"路漫漫其修远兮，吾将上下而求索。"这正是张博士放在案头时时用来警醒自己的座右铭，岁月不是女人感伤容颜老去的钟声，光阴能为女人的成长和成熟赢得时间和空间，崇高的追求更能让女人充满了优雅、魅力和智慧。

教育背景和工作经历

- 2001年至今创办北京幽兰女社国际美育培训中心
- 1996-2001年新彬国际医学信息有限责任公司创办人、当代医学杂志总编
- 1987-1993年美国新泽西州医学院临床分子生物学博士
- 1984-1987年美国新泽西州路易斯安娜大学生物系硕士
- 1978-1983年首都医科大学医学学士

近年来所获荣誉

- 2008年中国奥组委志愿者部礼仪顾问团讲师
- 2007年年度"中国十大经济女性评选优秀奖"
- 2007年学习型中国女性成功论坛"中国百佳魅力女性"
- 2006年北京市委精神文明办公室讲师
- 2006年第三届十大中华英才"勇于创新奖"
- 2005年Sohu网站女人频道十大创业女性最佳气质奖
- 2005年中国创业女性魅力风尚"最佳仪表奖"
- 2005年《精品购物指南》"年度财智女性奖"

幽兰女社美育国际文化传播中心——成就女人中的女人

幽兰女社能给中国女性带来什么?
"美丽、尊严、自信和生活质量"

幽兰女社美育国际文化传播中心是国内首家专业致力于女性素质整体提升的培训机构。幽兰女社为会员开设有形象素质、行为素质、文化素质、职业素养和心理素质快速深度提升的系列女性素质美育课程，使学习后的会员从声音、体态、仪表、风度、品位、艺术修养、社交、待人处世、思想深度、职业生涯、心灵成长等全方位得到能力提升。

张乐华博士结合发达国家300年女性教育经验与中国文化特点，成功研究出一系列优质而有深度的女性素质美育课程，帮助中国女性提高各方面素质。

幽兰女社培训内容

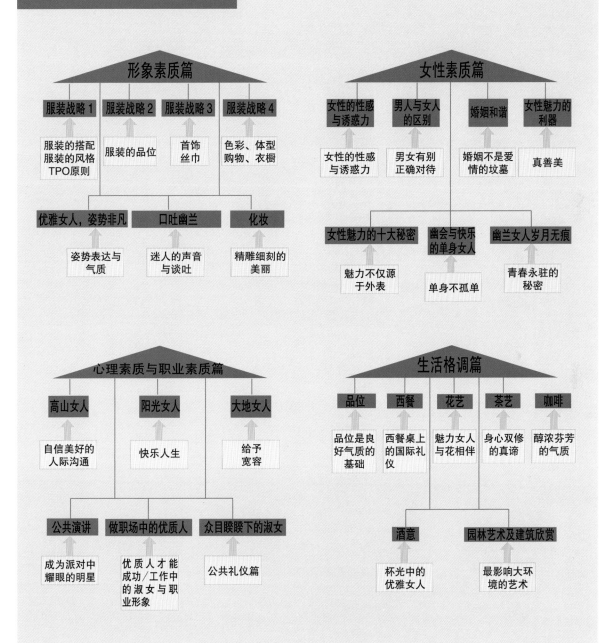

形象素质篇

- 服装战略1 — 服装的搭配 服装的风格 TPO原则
- 服装战略2 — 服装的品位
- 服装战略3 — 首饰 丝巾
- 服装战略4 — 色彩、体型 购物、衣橱

- 优雅女人,姿势非凡 — 姿势表达与气质
- 口吐幽兰 — 迷人的声音与谈吐
- 化妆 — 精雕细刻的美丽

女性素质篇

- 女性的性感与诱惑力 — 女性的性感与诱惑力
- 男人与女人的区别 — 男女有别 正确对待
- 婚姻和谐 — 婚姻不是爱情的坟墓
- 女性魅力的利器 — 真善美

- 女性魅力的十大秘密 — 魅力不仅源于外表
- 幽会与快乐的单身女人 — 单身不孤单
- 幽兰女人岁月无痕 — 青春永驻的秘密

心理素质与职业素质篇

- 高山女人 — 自信美好的人际沟通
- 阳光女人 — 快乐人生
- 大地女人 — 给予宽容

- 公共演讲 — 成为派对中耀眼的明星
- 做职场中的优质人 — 优质人才能成功／工作中的淑女与职业形象
- 众目睽睽下的淑女 — 公共礼仪篇

生活格调篇

- 品位 — 品位是良好气质的基础
- 西餐 — 西餐桌上的国际礼仪
- 花艺 — 魅力女人与花相伴
- 茶艺 — 身心双修的真谛
- 咖啡 — 醇浓芬芳的气质

- 酒意 — 杯光中的优雅女人
- 园林艺术及建筑欣赏 — 最影响大环境的艺术

幽兰女社培训内容

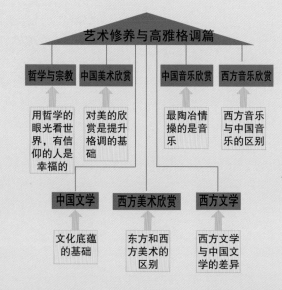

艺术修养与高雅格调篇

哲学与宗教	中国美术欣赏		中国音乐欣赏	西方音乐欣赏
用哲学的眼光看世界，有信仰的人是幸福的	对美的欣赏是提升格调的基础		最陶冶情操的是音乐	西方音乐与中国音乐的区别

中国文学		西方美术欣赏	西方文学
文化底蕴的基础		东方和西方美术的区别	西方文学与中国文学的差异

幽兰女社课程设置

幽兰一级课程——幽兰综合魅力班

课时	7天
课程宗旨	快速提升女性综合魅力，令女性风采形象、谈吐交际、仪态礼仪、行为举止、两性相处各方面素质得到大幅度全面提升
课程内容	服饰形象、风格色彩、美姿形体、优雅礼仪、化妆造型、吐字发声、自信心理、两性分析、魅力解析等课程
学习成果	·掌握提升服饰品位的36项重要原则 ·认识女性风格、体形和色彩 ·掌握服饰、妆容、配饰各种形象打造技能 ·了解服装的语言，极大地提高着装品位 ·掌握优雅的肢体语言 ·掌握女性在公众场合下优雅举止的六级标准 ·掌握优美的发声方式和动听的吐字技巧 ·掌握女性魅力的本质及修炼女性魅力的技巧 ·掌握成为一个拥有女人味的魅力女性的智慧 ·认识男性的性格特性，获得与男性愉悦相处的技巧 ·掌握获得自信心态的方法

幽兰二级课程——幽兰品位格调班

课时	7天
课程宗旨	琴棋书画中滋养淑媛气质，诗酒茶花中修炼格调韵味，成就慧美雅极致境界女人
课程内容	插花、茶道、香道、品鉴红酒、咖啡、朗诵诗歌、古琴、围棋、昆曲、书法、水墨画、雅居文化、欧式下午茶等课程
学习成果	·了解酒、咖啡文化，掌握品鉴红酒、调制鸡尾酒、制作咖啡的知识 ·具备插花、茶艺、香道赏析知识和操作技能 ·欣赏国内外优秀诗歌，掌握诵读诗歌的技巧 ·具备赏析中国水墨画、书法、古琴、昆曲的知识技能，掌握围棋入门知识 ·掌握装饰家居环境，营造高雅氛围的技能 ·掌握组织沙龙聚会的技能

幽兰三级课程——幽兰文化修养班

课时	7天
课程宗旨	培养腹有诗书气自华的知性智慧之美，在文化艺术中陶冶女性内在雅蕴，让女人由内而外散发博雅脱俗气质，美得深刻，美得高贵
课程内容	中西方文学、走进艺术世界、中外舞蹈赏析、歌剧艺术之魅、中西方哲学等课程
学习成果	·轻松欣赏中西方文学、艺术、欧洲古典音乐、歌剧、舞蹈，了解掌握著名代表性文化艺术大师和主要作品 ·了解认知东西方哲学、宗教的理论和境界 ·提升文化艺术修养和审美鉴赏能力，女性雅度直线上升新高度！了解昆曲文化，会赏析昆曲艺术 ·学会用文化艺术、哲学宗教来指引人生的前进和完善

幽兰女社让优秀的女人更卓越

服务1：个人综合测评

利用摄像、录音等科学手段，对个人表情、仪态、形体、服装服饰、色彩、声音、表达等外表与气质进行全面专业分析，进行归纳整合，提交系统化评测报告，依照此报告，可帮个人迅速作出适宜调整和改变，成为既符合大众标准又具有个性气质的美丽女性。

服务2：定向培训课程

针对个性特点，自由选择多达100学时的个人综合素质与魅力提升课程，知名专业学者授课，结合先进国家培训经验，有效弥补和全面改善魅力形象，在短期内彻底告别人生阴影，焕发动人姿彩。

服务3：个人形象设计

为个人设计形象，定做服装，提供从整套服装到鞋、包、首饰、丝巾各种细节的搭配方案，选择优质材料和优秀品牌，精工细制，以最经济的花费为您带来凸显个性的整体服饰风格。

幽兰女社培训适合人群

- 望女成凤、望子成龙的母亲

- 需要和社会高层打交道的职业女性

- 正在调整工作，重新考虑人生定位的女性

- 期待全方位提升自己综合竞争力的企业领导

- 渴望在出国后顺畅进入国际主流社会的女性

- 渴望从事优雅事业，希望通过优雅致富的女性

- 婚姻危机，爱情济济，渴望解读爱的秘密的女性

- 事业有成，但做女人还未做到酣畅淋漓的遗憾的女性

- 爱美过多投入，尽管大量购买名牌，却收效甚微的女性

- 从事形象顾问或美容行业，想进一步提升综合素质的女性

幽兰寄语

　　我们不可能从变化的时尚里创造出永久的品位，却可以从永久的品位里创造出自己的时尚。美好人生不是用金钱瞬间堆砌出来的，而是要通过不断地学习、思考、实践慢慢蜕变形成。完美人生如完美之花，她的缔造需要阳光沐浴，雨露滋润，汲取万物精华，才成晶莹剔透。

　　幽兰女社的诞生便是基于这一思考，在国内外知名专家学者的指导以及众多国际企业的支持下，我们有幸将世界上最先进和最有深度的课程带给有着美好追求的您。

　　幽兰女社帮您领略到美丽的另一种诠释和演绎，还您以完美人生的真实面目，让您散发出兰竹般的清芳，这清芳将托起您午夜的梦想，翱翔于金色天空。这种美丽与幸福，就如同远古的琴韵、恒久的诗篇、深谷的幽兰，虽经时光雕琢，岁月磨砺，却无法淡逝半分悠扬与激荡，反而越发地浓郁与甘醇，令您为之沉醉一生。

　　请不必为美貌褪色而叹息，不必为时光消逝而忧郁，真正的美随着岁月的流逝将越来越深厚，沉淀于我们的内心，就像陈年佳酿，芳香四溢。

　　诚切地欢迎您加入我们幽兰女社，让我们一起发掘生活中美的真义，让我们的生命得到更高层次的升华，让其散发令人心怡的芬芳，使岁月和生命留下永恒的弥香！

幽兰女社咨询热线：400-086-9022
地址：北京市朝阳区朝阳公园西路宫廷九号7单元3层
邮编：100125
传真：010—65919026
公司网址：www.youlan.cn
E-mail：youlannvshe@263.net

幽兰女社系列教材

《你的优雅价值无限》一书中道出了高雅女性的精神内涵与行为特质，详述了女性在与时光的争战中呵护美丽、提升气质的方法。

《众目睽睽下的淑女和绅士》是幽兰女社社长、国际素质培训专家张乐华博士用她的人生经历贯串着近200条国际礼仪编写成的倾力之作。

《穿出你的品位》告诉你服饰背后的语言与艺术，用图片与文字阐释美与优雅，解读女性服饰的时尚与经典。

《美好服饰搭配10大金律》幽兰女社系列培训教材——以国际都市女性着装经典搭配200例介绍了良好的视觉冲击是怎样产生的，并以大量彩图帮助读者认识服饰在风格、场合、季节、色彩上的搭配原则。

《穿美36问》一书以36个问答的形式，向读者介绍"穿美"所需要的必备知识与秘诀，其中包括如何搭配出美的效果、国际上约定俗成的服饰礼仪、服装风格的营造、服装款式对于个人体形的修饰、穿出品位、衣橱打理、发型与配饰等。

《魅力女人的七瓣花》光碟是张博士倾心结合幽兰女社课程精华与东方女性特点打造，指引你为心灵做优雅SPA，每天给自己一点时间，倾听它，你会领悟生命之美的新境界，拥有美丽、自信、祥和、聪颖、宽容、坚强、快乐的大智慧！

感　谢

　　我由衷地感谢中国青年出版社对本书文字的编辑工作所给予的鼎力支持，特别是对保证本书质量所作的促进和努力；也感谢鼎极摄影工作室的摄影师用专业摄影技术保障了这本书图片的质量；感谢幽兰女社的会员王一淇和王曼宁出任了书中部分照片的模特。本书部分照片来自《Precious》杂志。还要感谢幽兰女社的编辑王子涵女士对本书文字的编辑，曹茜女士对本书的艺术编辑与排版所做的精心努力。

　　最后，我在此特别深深怀念并铭感姐姐张宁女士多年来对我的厚爱、影响和激励，引导我踏上这条追寻美和优雅的道路。

张乐华

二〇一四年八月北京